WHAT IS DNA?
Text by Professor Julian Barwell and Dr. Neeta Lakhani
Illustrations by Nigel Baines
First published in Great Britain in 2024 by Wayland
Copyright © Hodder and Stoughton, 2024
Korean edition copyright © Mindbridge Publisher, 2024
All rights reserved.
This Korean edition is published by arrangement with Hodder & Stoughton Limited,
on behalf of its publishing imprint Wayland, a division of Hachette Children's Group,
through Shinwon Agency Co., Seoul.

우리 몸속 슈퍼파워 DNA

초판 3쇄 발행 2025년 10월 15일

글 줄리안 바웰, 니타 라카니 **그림** 나이젤 베인스
옮김 유윤한 **감수** 이홍우
펴낸이 정혜숙 **펴낸곳** 마음이음

책임편집 이금정 **디자인** 김세라
등록 2016년 4월 5일(제2016-000005호)
주소 03925 서울시 마포구 월드컵북로 402, 9층 917A호(상암동 KGIT센터)
전화 070-7570-8869 **전자우편** ieum2016@hanmail.net
블로그 https://blog.naver.com/ieum2018

ISBN 979-11-92183-88-6 73470
      979-11-960132-3-3 (세트)

이 책의 내용은 저작권법의 보호를 받는 저작물이므로 무단전재와 복제를 금합니다.
책값은 뒤표지에 있습니다.

어린이제품안전특별법에 의한 제품표시
제조자명 마음이음 **제조국명** 대한민국 **사용연령** 11세 이상 어린이 제품
KC마크는 이 제품이 공통안전기준에 적합하였음을 의미합니다.

우리 몸속 슈퍼파워 DNA

글 줄리안 바웰·니타 라카니 | 그림 나이젤 베인스
옮김 유윤한 | 감수 이흥우

마음이음

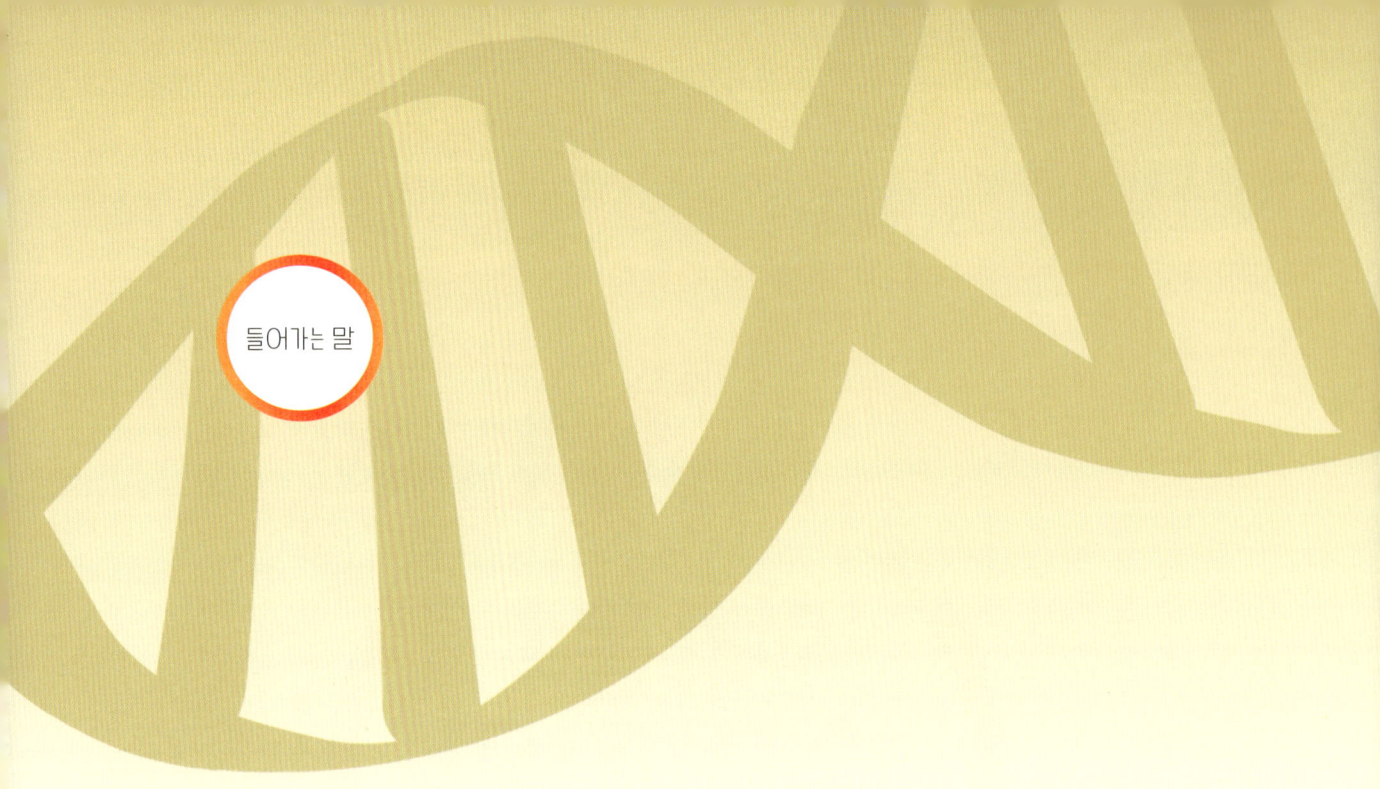

들어가는 말

　DNA에 대해 알아보는 여행을 할 거예요. 수십억 년 전 지구에서 생명이 시작되었을 때로 돌아가 보아요. DNA는 그때부터 지금까지 생명체와 쭉 함께 있어 왔어요. 생명체에 꼭 필요하기 때문이지요.

　이 책은 DNA가 왜 모든 생명체를 이루는 데 없어서는 안 되는지 알려 줄 거예요. DNA에는 정보가 들어 있어요. 동물이나 식물뿐 아니라 대장균이나 아메바 같이 눈에 보이지 않는 생물도 DNA에 들어 있는 정보에 따라 몸을 만들어 가요. DNA는 수백만 년 동안 부모에게서 아이에게로 되풀이해서 전해지고 있어요.

　어떤 친구는 채소를 정말 싫어해요. 하지만, 어떤 친구는 좋아하지요. 그 이유도 DNA 때문이에요!

　자, 함께 놀라운 생명의 세계 DNA로 탐험을 떠나요! 탐험을 통해 다음 내용을 알아봐요.

- DNA가 어떻게 이루어졌고, 몸 안에서 어떻게 작동하는지를 알아볼 거예요.

- 지구에서 어떻게 생명이 시작되었을까요? DNA를 살펴보면, 모든 생물이 연결되어 있음을 알 수 있어요. 무엇이 좀 더 가깝게 연결되고, 무엇이 좀 더 멀리 연결되었는지 알아볼 거예요.

- 우리 몸을 만드는 설명서인 DNA가 어떻게 전달되는지 알아볼 거예요. 우리는 모두 부모에게서 자신의 몸을 만드는 설명서를 물려받아요. 이것을 유전이라고 해요. 유전은 특히 생김새에 큰 영향을 끼친답니다.

- 마지막으로, DNA가 하는 일을 잘 알면 좋은 점을 알려 줄 거예요. 뛰어난 의약품과 백신을 만들 수 있고, 범죄를 해결하는 데도 도움받을 수 있어요.

차례

들어가는 말 6

생명의 세계에 온 것을 환영해요! 10

위대한 발견! 12

우리 몸속 똑똑한 단백질 공장 14

설명서대로 태어나는 아기 16

   용어 설명과 DNA 퀴즈 18

DNA는 섞일수록 좋을까? 20

쌍둥이는 어떻게 태어날까? 22

어떻게 지구에 생명체가 생겨났을까? 24

   용어 설명과 DNA 퀴즈 26

닭과 달걀 중 무엇이 먼저였을까? 28

인류의 조상이 버섯이라고? 30

공룡이 정말 우리 할아버지일까? 32

   용어 설명과 DNA 퀴즈 34

왜 나는 채소를 싫어할까?	36
왜 나는 빨간 머리일까?	38
유전자는 우리에게 얼마나 영향을 끼칠까?	40
용어 설명과 DNA 퀴즈	42
500년 후 친척 찾기	44
신호등은 빨간불! 초록불! 파란불?	46
유전자 스위치 켜고 끄기	48
용어 설명과 DNA 퀴즈	50
병을 일으키는 DNA	52
누가 범인일까?	54
DNA가 어디까지 도와줄까?	56
우리 모두의 이야기, DNA	58
용어 설명과 DNA 퀴즈	60

생명의 세계에 온 것을 환영해요!

딱 네 글자면 됩니다!

A···G···C···T

*A, G, C, T를 염기라고 해요.
아데닌(A), 구아닌(G), 시토신(C),
티민(T)은 DNA를 구성하는 성분이에요.

너 지금 뭐 하는 거야?

음~, 설탕처럼 달달해!

DNA는 우리 몸을 만드는 설명서예요. 이 설명서는 DNA를 이루는 네 가지 재료의 첫 글자 네 개로 표시해요. 네 글자는 바로 A, G, C, T이지요. 이 재료에 특별한 당을 붙여 우리 몸을 만들 설명서를 완성해요. DNA는 배배 꼬인 기다란 사다리처럼 생겼어요. 네 글자로 나타내는 재료가 서로 단단히 뭉쳐진 화합물이지요. 화합물이란 더 이상 쪼갤 수 없는 알갱이들이 뭉쳐 새롭게 생겨난 것이어서 자신만의 특징을 가지고 있어요. 우리 몸속 모든 세포는 DNA를 가지고 있어요.

DNA의 세계에 온 것을 환영해요. DNA는 우리 몸을 만드는 설명서예요. 우리는 부모에게서 DNA를 물려받아 일부를 자식에게 물려주어요. 그리고 DNA 설명서 지시에 따라 우리 몸에 명령을 내려요. 컴퓨터 프로그램과 비슷하지요.

이게 DNA야? 사다리를 꼬아 놓은 것 같아.

몸이 잘못 만들어졌어. DNA 설명서를 다시 읽어 봐야겠군.

　우리 몸은 부모에게서 물려받은 DNA 설명서에 따라 만들어져요. 이 설명서에는 A, G, C, T 알파벳 네 개가 아주 많이 반복돼요. DNA마다 글자 순서가 조금씩 다르기 때문에 우리는 서로 다른 사람이 돼요. 글자 개수에 따라 식물이나 동물이 되기도 하지요.
　DNA는 우리가 서로 연결되어 있다는 것을 보여 주어요. 지구에 생명이 나타났을 때부터 모든 생명체들은 DNA 설명서에 따라 몸을 이루고 자손을 늘려 갔어요.
　이 책에서 여러분은 DNA에 따라 키, 머리색, 좋아하는 음식, 버릇 등이 사람마다 다른 이유를 배울 거예요. 또, 여러분의 조상이 정말로 공룡인지, 범인을 찾는 데 DNA가 어떻게 도움이 되는지도 알게 될 거예요. 그 전에 우선 DNA가 어떻게 발견되었는지부터 알아볼까요?

닭이 먼저야, 달걀이 먼저야?

위대한 발견!

• 어떻게 DNA의 구조를 알아냈을까?

미국의 과학자 왓슨과 영국의 과학자 크릭은 1953년에 공동으로 DNA의 구조를 밝혀냈어요. 하지만 이 위대한 발견은 두 과학자만의 공이 아니에요. 그들은 여러 과학자들의 연구 결과와 프랭클린이라는 과학자의 X선 사진을 참고하여 DNA 구조를 알아냈어요.

왓슨과 크릭은 DNA가 배배 꼬인 사다리 모양이라는 것을 알아냈어요. 이러한 모양을 '**이중 나선**'이라 하고, DNA가 하는 일과 관련이 깊어서 중요해요.

• 쌍을 이루는 DNA

이중 나선은 두 가닥이 배배 꼬인 사다리 모양이에요. 꼬인 양쪽 가닥을 잇는 막대 부분은 DNA를 이루는 네 개의 글자 A, T, C, G가 연결되어 이루어져요. A는 T와, C는 G와 한 쌍으로 항상 연결된다는 것을 왓슨과 크릭이 알아냈어요.

• 복제하기

DNA의 한 가닥만 있으면 나머지 한 가닥이 쌍을 이루며 결합해 원래 모양대로 똑같이 만들 수 있어요. A와 T, C와 G는 항상 쌍을 이루기 때문이지요.

우리 몸속 똑똑한 단백질 공장

• 우리 몸 설명서는 어떻게 사용될까?

　DNA는 몸을 만드는 설명서예요. 몸은 생명을 이루는 기본 단위인 세포로 이루어져요. 세포 속에는 **핵**이라는 보물 상자 같은 곳이 있어요. 이곳에 소중한 DNA가 보관돼요.

　DNA 설명서는 암호 같아서 무슨 뜻인지 알기 어려워요. 하지만 우리 몸은 DNA에서 유전자를 찾아내 단백질 제조법이 담긴 암호를 읽어요.

　유전자는 **염색체**에 저장되어 있어요. 염색체는 DNA가 끊어지거나 엉키지 않도록 실타래처럼 꽁꽁 뭉쳐 놓은 것이에요.

여기에 DNA를 보관하면 안전해.

세포질　핵
세포

복사된 DNA
(복사된 DNA를 RNA라고 해요.)

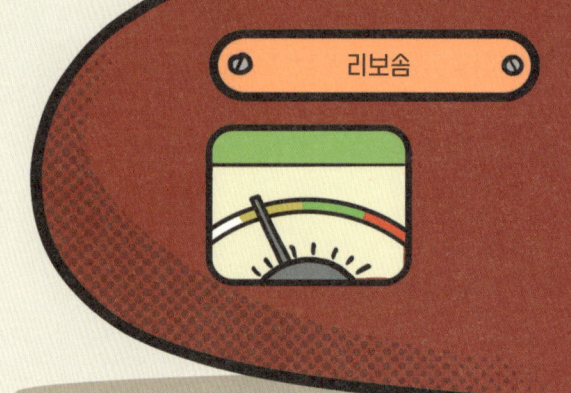

아미노산

리보솜

　리보솜은 세포 속에 있는 암호 해독기이자 단백질 공장이에요. 유전자의 암호를 읽고, 그에 따라 우리 몸에 필요한 단백질을 만들지요. **단백질**은 우리 몸을 만들고 활동하게 하는 데 꼭 필요한 재료예요. 피부, 머리카락, 뼈와 근육, 병균과 싸우는 항체 같은 것들이 모두 단백질로 만들어져요.

• 암호 읽어 내기

이중 나선으로 된 DNA가 두 가닥으로 풀어지면, 그 중에 필요한 유전자만 골라 복사할 수 있어요. 복사된 DNA(RNA)는 핵에서 나와 세포질에 있는 리보솜으로 가요. 리보솜은 유전자 복사본에 담긴 암호를 읽어 어떤 단백질을 만들어야 할지 알아내요.

이 단백질 공장은 알아서 일을 참 잘해!

• 단백질은 어떻게 만들어질까?

DNA를 이루는 네 글자 중 세 글자씩 묶여 하나의 암호가 돼요. 각각 특정한 **아미노산**을 가져오라는 명령을 담은 암호이지요. 단백질이 집이라면 아미노산은 집을 만드는 벽돌과도 같아요. 유전자가 알려 주는 단백질 제조법에 따라 아미노산이 연결되면, 여러 가지 단백질이 만들어져요. 이 모든 일은 단백질 공장인 리보솜이 해요.

설명서대로 태어나는 아기

• 왜 어떤 아기는 남자로 태어나고, 어떤 아기는 여자로 태어날까?

DNA는 46개의 염색체에 나뉘어 들어 있어요. 염색체는 쌍을 이루고 있어 모두 23쌍이지요. 한 쌍의 염색체 중 절반은 엄마에게서, 나머지 절반은 아빠에게서 물려받아요.

23쌍의 염색체는 우리 몸을 이루는 데 필요한 유전자들을 보관하는 도서관과 같아요.

그런데 염색체 중 마지막 한 쌍은 아주 특별해요. 하나는 엄마에게서 받은 X염색체이고, 나머지 하나는 아빠에게서 받은 X 또는 Y염색체예요. 이 염색체가 성별을 결정하기 때문에 성염색체라고 불러요. 성염색체를 제외한 나머지 22쌍은 상염색체라고 불러요. 아빠에게 X염색체를 받으면 여자가 되고, Y염색체를 받으면 남자가 되지요. 즉, 자신의 유전자 도서관에 XX염색체가 있으면 여자이고, XY염색체가 있으면 남자랍니다.

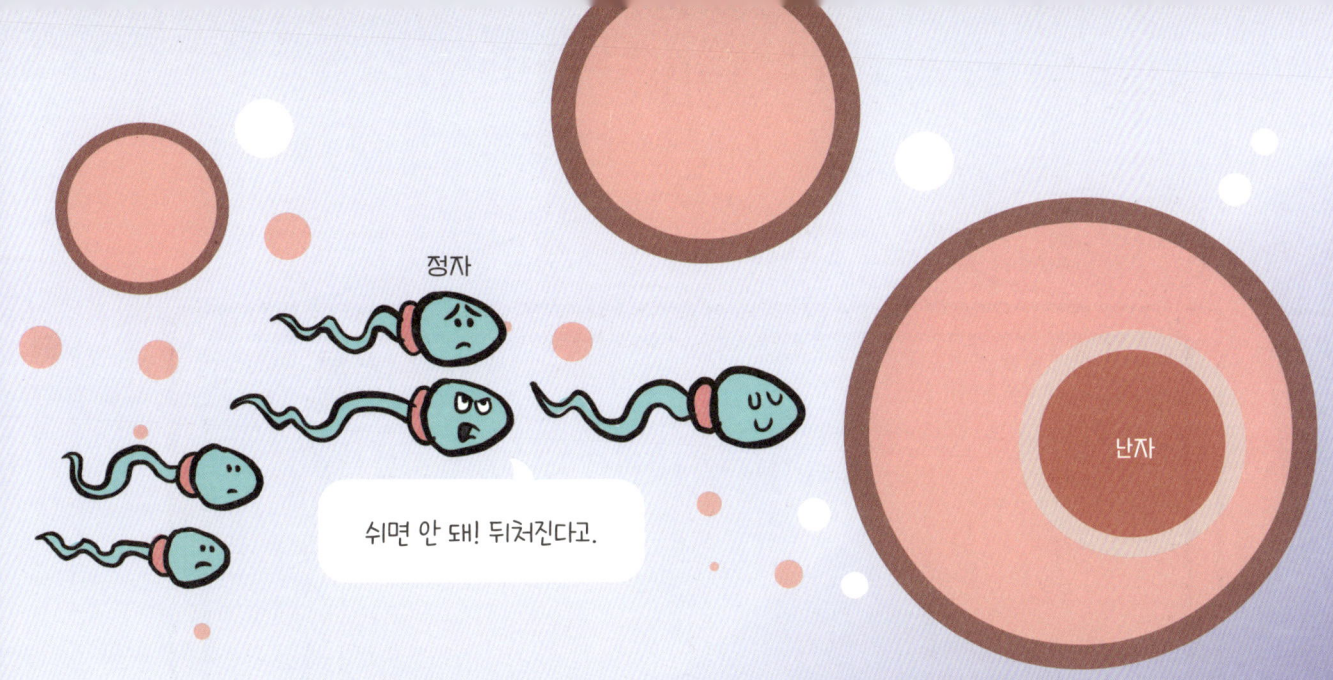

정자

쉬면 안 돼! 뒤처진다고.

난자

• 나뉘면서 수가 불어나는 세포

아빠의 **정자**와 엄마의 **난자**가 만나 합쳐지면 우선은 하나의 세포가 돼요. 이걸 **수정란**이라고 해요. 이후 수정란은 2개, 4개, 8개, 16개……의 똑같은 세포로 계속 나뉘면서 세포 수를 불려 나가요. 그러면서 점점 아기의 모습을 갖춰 나가지요.

힘을 내요!
이제 다시 몇 번만 더 나뉘면 아기가 되어요.

단백질	유전자 암호에 따라 만들어지는 화합물이에요. 우리 몸을 구성하는 물질로 여러 개의 아미노산이 연결되어 이루어져요. 몸이 자라고 상처가 나으려면 새로운 단백질 알갱이들이 만들어져야 해요.
DNA	4개의 화합물(알파벳 A, G, C, T로 나타내요.)이 쌍을 이루어 줄줄이 붙어 있는 긴 가닥이에요. 우리 몸의 모든 세포에 들어 있고, 이중 나선 모양이에요. DNA의 두 가닥은 정해진 짝과 함께 단단하게 결합되어 있어요. 유전자는 DNA에서 특정한 단백질을 만드는 암호가 들어 있는 부분이에요.
리보솜	DNA에 저장된 유전자 암호를 읽어 필요한 단백질을 만드는 일을 해요.
수정란	정자와 난자가 합쳐져 수정이 이루어진 난자를 말해요.
아미노산	DNA의 명령에 따라 단백질을 만들기 위해 결합되는 작은 화학 물질이에요. 보통 탄소, 질소, 수소 및 산소로 이루어져요. 아미노산은 우리 몸에서 직접 만드는 것도 있고, 음식물을 먹어 얻어야 하는 것도 있어요.
염색체	DNA 조각들이 세포핵 속에서 실패에 감기듯 똘똘 뭉쳐 있는 것이에요.
정자와 난자	정자는 남성의 몸에서 만들어지는 생식 세포예요. 여성의 몸에서 만들어지는 생식 세포는 난자예요. 정자와 난자가 결합하면 태아로 자랄 수정란이 돼요.
핵	세포에서 DNA가 보관된 부분이에요.

※ 과학자 왓슨과 크릭은 DNA의 구조를 밝혀 노벨상을 받았어요. DNA를 이루는 4개의 화합물 A, G, C, T는 어떻게 쌍을 이룰지 아래 사다리 게임을 해서 알아보세요.

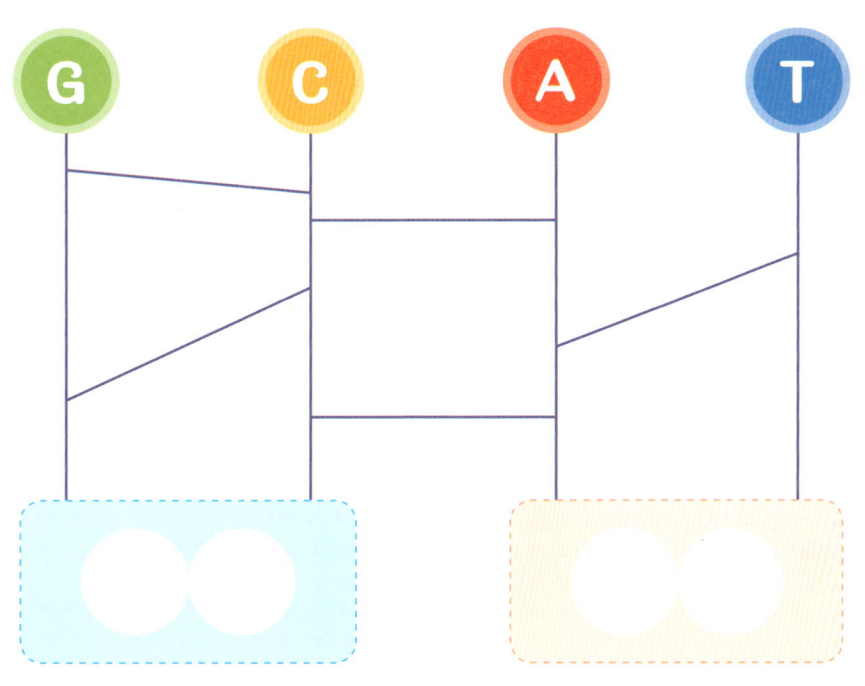

· 보너스 퀴즈 ·

유전자 암호를 읽고, 그에 따라 우리 몸에 필요한 단백질을 만드는 공장은 무엇인지 빈칸을 채우세요.

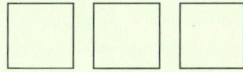

정답: AT(GC, CG), 리보솜

DNA는 섞일수록 좋을까?

• 세포는 어떻게 유전자를 전할까?

우리 몸이 자랄 때 하나의 **세포**는 나뉘어 2개가 돼요. 세포가 2개로 나뉘기 전에 DNA는 자신과 똑같은 복제물을 만들어요. 따라서 염색체 양도 2배가 되지요. 그리고 세포가 2개로 나뉘면 염색체를 똑같이 46개(23쌍)씩 나누어 가져요. 이 과정을 통해 새로 생겨난 세포에 유전자를 전하는 거지요. 우리 몸에서는 이 방법으로 매일매일 새로운 세포가 생겨요.

0단계 — 핵막
DNA가 복제되어 그 양이 2배가 돼요.

1단계
염색체가 나타나요.

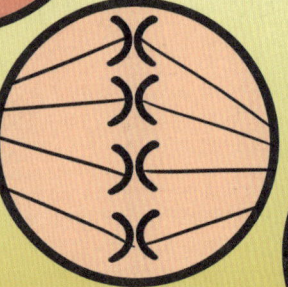

2단계
염색체가 세포 중앙에 한 줄로 늘어서요.

내 몸속에서 세포가 나뉜다고?!

3단계
염색체가 나뉘어 세포의 양쪽 끝으로 끌려가요.

4단계
세포가 나뉘어요.

5단계
똑같은 염색체를 나누어 가진 2개의 새로운 세포가 돼요.

• 새 생명은 어떻게 만들어질까?

아빠의 정자와 엄마의 난자가 만나면 수정란이 되고, 이후 세포가 나뉘면서 새 생명이 만들어진다고 했지요? 그런데 정자와 난자는 좀 특이한 방법으로 생겨나요. 정자와 난자도 다른 세포와 마찬가지로 DNA를 가지고 있어요. 그러나 세포가 나뉘면서 절반의 염색체 세트(23개)만 갖게 되지요. 하지만 정자와 난자가 결합해 수정란이 되면, 아빠와 엄마의 염색체가 합쳐져 다시 46개(23쌍)가 돼요.

 부모로부터 물려받은 DNA가 있는 정상 세포

 DNA가 복제되어 양이 2배로 늘어난 염색체

 두 개로 나뉘는 세포

 절반의 염색체 세트를 가진 2개의 세포

 다시 나뉘는 세포

 절반의 염색체 세트를 가진 4개의 세포 (정자 혹은 난자)

우리는 누구나 엄마와 아빠에게서 염색체를 절반씩 물려받아요. 이 과정에서 엄마와 아빠의 유전자가 섞여 나만의 새로운 DNA가 완성되지요. 그리고 새로운 유전자 세트를 만듦으로써 한 부모로부터 온 유전자가 다른 부모로부터 온 좋지 않은 유전자를 대신할 기회가 생겨요. 이렇게 다양한 DNA를 만들어 우리가 건강하게 살아가는 데 도움이 돼요.

쌍둥이는 어떻게 태어날까?

• 일란성? 이란성?

일란성 쌍둥이는 놀라워요. 똑같은 DNA를 가진 두 사람이거든요. 과학자들은 유전자가 하는 일을 알기 위해 쌍둥이를 연구해요.

엄마의 난자 한 개와 아빠의 정자 한 개가 합쳐지면 수정란이 돼요. 수정란은 아기로 자라날 배아가 되지요. 이때 수정란이 둘로 나뉘어 두 개의 배아로 자라면 일란성 쌍둥이가 돼요. 일란성 쌍둥이는 똑같은 DNA를 가지고 있어 구분하기 어려울 정도로 닮아요.

이란성 쌍둥이도 있어요. 이란성 쌍둥이는 엄마의 난자 두 개가 아빠의 정자 두 개와 각각 합쳐져 수정란이 두 개일 때 생겨나요. 이란성 쌍둥이는 서로 다른 DNA를 가지고 있어요.

• **쌍둥이 연구와 유전자**

일란성 쌍둥이를 연구하면 유전자에 대해 많은 것을 알 수 있어요. 겉모습, 행동, 건강에 유전자가 얼마나 많은 영향을 끼치는지 이해하도록 도와주지요. 보통 쌍둥이는 함께 자라요. 그러다 보니 유전자가 같기 때문이 아니라 같은 환경에서 자라서 서로 닮은 것인지도 몰라요. 그래서 의사나 과학자들은 유전자가 쌍둥이에게 끼치는 영향을 제대로 확인하려고 다른 환경에서 자란 일란성 쌍둥이들을 연구해요.

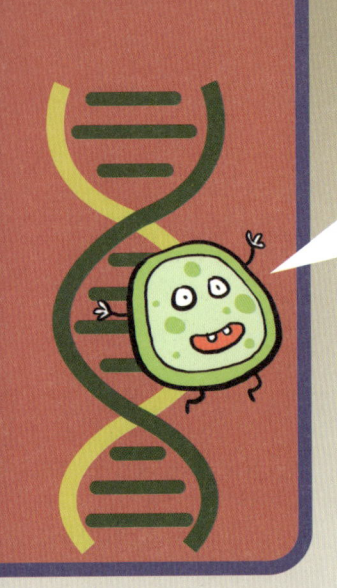

어떻게 지구에 생명체가 생겨났을까?

• **생명의 기원에 관한 여러 가지 가설**

　생명이 지구에서 어떻게 시작되었는지에 대해 여러 주장이 있지만 누구도 정확히 알지는 못해요. 어떤 과학자들은 지구에서 생명이 시작된 과정을 추측하는 실험을 했어요.
　그들에 따르면 지구가 처음 생겨났을 때 단순한 화합물이 물에 섞여 있었대요. 태양이 지구를 데웠고, 번개가 내리치면서 전기 불꽃도 일었어요. 물에 녹아 있던 화합물들은 에너지를 받아 서로 결합해 더 복잡한 물질을 만들었어요. 그리고 마침내 DNA도 만들게 되었지요! DNA는 주변의 화합물을 사용해 자신과 똑같은 것을 만드는 놀라운 능력이 있기에 여기서부터 생명이 시작되었다는 거예요.

으악!
저 안은 끔찍했어!

또 다른 가설도 있어요. 심해 열수구에서 최초의 생명이 나타났다는 거예요. 우주 기원설을 주장하는 과학자도 있어요. 우주에서 만들어진 **유기물**이 운석을 통해 지구에 떨어졌다는 거지요. 생명의 기원에 대한 해답을 찾으려는 연구는 계속되고 있어요.

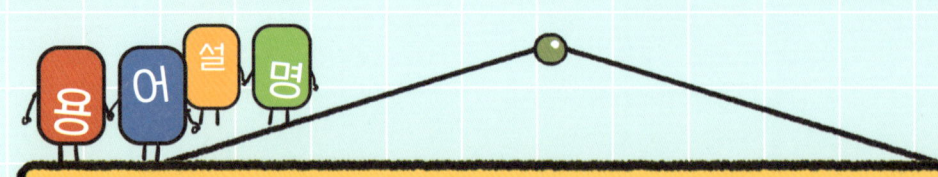

| 세포 | 몸을 이루는 가장 작은 단위예요. 살아 있는 동안에는 자신과 똑같은 세포를 만들어 나뉘면서 분열해요. 우리의 첫 번째 세포는 정자와 난자가 합쳐진 수정란이에요. |

유기물　　동물이나 식물, 미생물의 몸을 구성하거나 이들 생물체 안에서 생명력에 의하여 만들어 낸 화합물을 통틀어 이르는 말이에요.

※ 생명의 기원에 관한 여러 가설들

화학 진화설　무기물의 화학 반응에 의해 유기물이 만들어져 생명체가 생겼다는 가설로 1920년대 러시아의 과학자 오파린이 주장했어요. 이후 이 가설을 증명하려 미국의 화학자 밀러와 유리가 실험을 하였고, 1953년에 그 결과를 발표했어요. 밀러와 유리는 수증기, 메탄, 암모니아, 수소 가스의 혼합물에 번개를 내리꽂듯 전기를 일으킨 후 만들어진 물질을 분석했어요. 그러자 아미노산을 포함한 여러 가지 유기물이 발견되었어요.

심해 열수구설　최초의 유기물이 심해 열수구 환경에서 유래했다는 가설이에요. 1977년에 열수구 탐사가 실시된 후 제기된 가설이지요. 심해 열수구는 100℃가 넘는 물이 뿜어져 나오고 탄화수소, 철 등이 발견되어 유기물이 생성되기에 적합한 환경이에요.

우주 기원설　우주의 다른 천체에서 만들어진 유기물이 운석을 통해 지구에 떨어졌고, 이 유기물에서 출발하여 지구에 최초의 생명체가 생겨났다는 가설이에요. 실제로 오스트레일리아에 떨어진 운석에서 유기물이 발견되기도 했어요.

DNA QUIZ

※ 알맞은 설명을 찾아 선을 연결하세요.

① 상염색체 • • ㉠ 정자와 난자가 결합하여 생긴 세포

② 수정란 • • ㉡ 엄마의 난자 한 개와 아빠의 정자 한 개가 합쳐진 수정란이 두 개의 배아로 자라 생긴 쌍둥이

③ 이란성 쌍둥이 • • ㉢ 성별을 결정하는 데 관여하는 23번째 염색체

④ 성염색체 • • ㉣ 성염색체를 제외한 22쌍의 염색체

⑤ 유전자 • • ㉤ DNA에서 특정한 단백질을 만드는 암호가 들어 있는 부분

⑥ 일란성 쌍둥이 • • ㉥ 엄마의 난자 두 개가 아빠의 정자 두 개와 각각 합쳐져 수정하여 생긴 쌍둥이

정답: ①㉣, ②㉠, ③㉥, ④㉢, ⑤㉤, ⑥㉡

닭과 달걀 중 무엇이 먼저였을까?

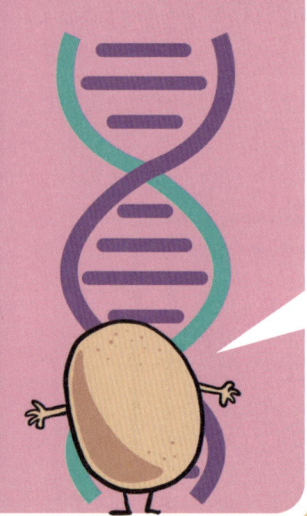

• **다윈과 자연선택**

1859년에 영국의 과학자 찰스 다윈은 자연선택 이론을 생각해 냈어요.

찰스 다윈은 세계 일주를 하면서 자연을 관찰했어요. 그 결과 주어진 환경에서 살아남는 데 도움이 되는 특징을 가진 **생명체**들이 후손을 퍼뜨리기 쉽다는 것을 알아냈지요. 특히 강하거나 빠른 동물이 유리했어요. 이것은 유리한 특징이 후손에게 더 잘 전달된다는 뜻이기도 해요.

다윈은 이런 사실을 **자연선택**이라 불렀어요. 자연선택은 생명체가 주위 환경에 잘 적응해 자손을 더 잘 퍼뜨릴 수 있도록 아주 천천히 변해 가게 만들어요. 즉, 진화하도록 만들지요.

누가 살아남을까?

• 무엇이 먼저일까? 닭과 달걀 논쟁

비슷한 동물들의 유전자를 비교하면 생명체가 진화해 온 과정을 추측해 볼 수 있어요. 과학자들은 닭이 악어나 인간보다 공룡과 더 가깝다는 사실을 밝혀냈어요. 유전자를 비교해 보니 새와 공룡은 같은 조상으로부터 진화해 온 사이였던 거예요.

그렇다면 닭과 달걀 중 무엇이 먼저였을까요? 이 논쟁을 결론 낼 수 있을까요? 안타깝게도 아직까지 결론이 나지 않았어요. 달걀이 먼저라고 주장하는 쪽은 공룡과 닮은 생물이 낳은 알이 유전자 변형을 통해 오랜 시간 동안 진화한 것이 최초의 달걀이 됐고, 그 알이 부화하여 최초의 닭이 된 거라고 해요.

닭이 먼저라고 주장하는 쪽은 달걀 껍데기를 만드는 중요한 단백질이 닭의 난소에서 만들어지므로 닭 없이 달걀이 있을 수 없다고 해요.

무엇이 먼저일지 너무 궁금하다면 여러분이 미래에 이 문제를 해결해 봐요.

인류의 조상이 버섯이라고?

미안해요.
너무 먼 데서 날아오느라
늦었어요.

• DNA를 통해 과거를 알아내기

천문학자들은 우주가 생겨난 때를 알아내기 위해 수십억 킬로미터 떨어진 별을 관찰해요. 아주 오래전에 나온 별빛이 지금 우리에게 도착하기 때문이지요.

역사학자들은 아주 오래전에 살았던 사람들을 연구할 때 옛날 사람들이 쓴 책을 읽거나 오래된 건물을 찾아가요. 고고학자들은 옛날 사람들이 쓰던 도구, 동전, 도자기 등을 발굴해 조사해요.

화석은 지질 시대에 살았던 생명체의 몸체나 활동 흔적이 암석이나 지층 속에 남아 있는 것을 말해요. 과학자들은 화석을 이루는 물질이 어떻게 변해 왔는지를 관찰해 화석의 나이를 알아내요. 얼마나 곰팡이가 피었는지를 관찰해 음식이 오래된 정도를 알아내는 것과 비슷해요. 화석 연구를 통해 시간 순서에 따른 생물의 형태와 변화되어 온 모습을 살펴 진화의 증거를 찾아요.

생명이 어떻게 진화했는지를 알려면 DNA를 관찰해야 해요. DNA는 수백만 년 동안 조금씩 변해 왔어요. 이것을 **변이**라고 해요. 두 생명체의 DNA를 비교하면, 같은 조상에서 출발해 서로 다른 변이를 해 왔다는 것을 알 수 있어요. 그리고 모든 생명체는 서로 연결되어 있다는 사실도 알게 되지요. 인간의 DNA는 개와 80퍼센트가 비슷하고, 버섯과 50퍼센트가 비슷해요.

과학자들은 가장 오래된 유전자가 35~38억 년 전에 생겨났다는 것을 알아냈어요. 오늘날 살아 있는 모든 동식물, 심지어 버섯 같은 생명체들도 그때 살았던 조상으로부터 변이하여 진화해 온 것이랍니다. 그러고 보니 우리는 아주아주 오래전부터 진화해 왔네요!

공룡이 정말 우리 할아버지일까?

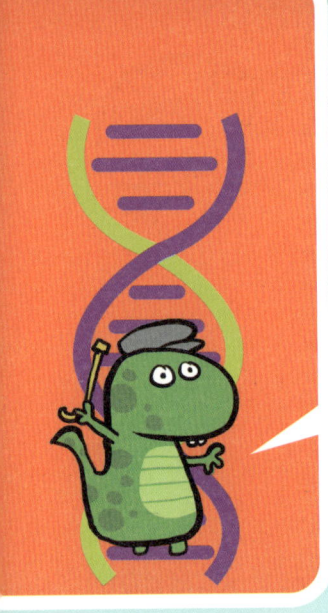

• **우리는 누구의 후손일까?**

100년 전으로 돌아가 봐요. **세대**를 세 번 거슬러 올라가면 부모님의 부모님의 부모님을 만날 수 있어요. 네 명의 할아버지와 네 명의 할머니가 나를 반겨 줄 거예요. 600년보다 더 먼 과거로 돌아가 25대 이상 거슬러 올라가면 어떨까요? 오늘날 나에게 유전자를 물려준 조상을 400만 명 이상 만날 수 있을 거예요.

와! 신난다. 600년 치 생일 선물을 받게 될지도 몰라!

• 사람의 친척들

사람은 약 20만 년 전 동물(약 1만 대 거슬러 올라간 조상)로부터 진화했어요. 우리는 그때 나타난 조상의 후손이므로 DNA에 담긴 유전자가 거의 같아요. 심지어 사람의 DNA는 침팬지나 고릴라 같은 영장류와도 아주 비슷해요.

공룡은 6600만 년 전에 **멸종**된 동물로 우리의 조상이 공룡이라고 할 수는 없어요. 하지만 아주 먼 옛날로 거슬러 올라가면, 공룡과 사람은 하나의 생명 나무에서 탄생한 생명체라는 것을 알 수 있어요. 같은 조상의 후손인 셈이지요.

할아버지, 뿔이 멋지시네요!

멸종   어떤 생물이 영원히 사라져 볼 수 없게 되는 것을 뜻해요. 더 이상 짝을 찾지 못해 자식을 낳을 수 없거나 먹이를 구하지 못해 굶어 죽는 일이 계속되면, 그 생물은 멸종되고 말지요.

변이   DNA에 저장된 암호가 우연히 변하는 것을 뜻해요. 유전 암호가 변하면 만들어지는 단백질이 달라져 몸에도 변화가 생겨요. 변이된 유전자는 다른 유전자와 함께 자녀에게 전달될 수 있어요.

생명체   주변 환경에서 영양분을 얻어 자라며 후손을 퍼뜨리는 모든 것들을 가리키는 말이에요. 예를 들어 인간, 식물, 곰팡이 또는 세균 등이 있지요.

세대   생명체가 자라 새로운 짝과 함께 자신의 자녀를 낳을 때까지를 뜻해요. 조부모, 부모, 자녀는 3세대에 해당하지요.

자연선택   환경에 가장 잘 적응한 생명체만 살아남아 후손에게 자신의 DNA를 전달하며 진화한다는 주장이에요. 찰스 다윈이 처음 주장한 이론이에요.

화석   지구에 인류가 나타나기도 전에 살았던 생명체의 뼈를 비롯한 신체 부위나 발자국 같은 활동 흔적이 암석이나 지층 속에 남아 있는 것을 말해요.

※아래 퀴즈의 답을 글자판에서 찾아 묶어 보세요. 가로, 세로, 대각선으로 모두 찾아보세요.

1. 세계 일주를 하면서 1859년에 자연선택 이론을 생각해 낸 과학자의 이름은 무엇일까요?
2. 과학자들은 생명체가 진화해 온 과정을 추측하기 위해 무엇을 비교하며 연구할까요?
3. DNA에 저장된 암호가 우연히 변하는 것을 무엇이라 할까요?
4. 생명체가 주위 환경에 잘 적응해 자손을 더 잘 퍼뜨릴 수 있도록 천천히 변해 가는 것을 무엇이라 할까요?
5. 인간의 DNA는 어떤 종류의 동물과 가장 비슷할까요?

코	수	정	란	원	염	크
끼	화	열	다	항	증	릭
리	석	스	우	성	체	난
공	찰	변	천	유	전	자
왓	슨	이	돌	영	공	룡
리	보	솜	세	화	장	새
알	진	화	포	합	산	류

정답: 다윈, 유전자, 돌연변이, 진화, 침팬지

왜 나는 채소를 싫어할까?

• 맛있니? 아니면 먹기 싫니?

"왜 우릴 피하는 거니?"

왜 누구는 방울양배추처럼 쓴맛 나는 채소를 좋아하고, 누구는 정말 싫어할까요?

왜 누구는 눈동자가 파랗고, 누구는 갈색일까요?

왜 누구는 머리색이 붉고, 누구는 검을까요?

그 이유는 머리색을 나타내는 유전자가 서로 다르기 때문이에요.

"너 지금 내 빗을 한 시간째 쓰고 있어!"

사람은 약 2만 개의 유전자를 가지고 있어요. 이 유전자들은 부모로부터 물려받은 것이지요. 유전자는 눈동자나 머리색을 결정하기도 하고, 무슨 음식을 좋아하는지, 혀 말기를 할 수 있는지 등 각 사람만의 특징이 나타나게 해요. 아주 가끔 부모에게 없던 유전자가 생기기도 하는데, 이를 **돌연변이**라고 해요. 이런 돌연변이가 일어나면 질병이 생기기도 해요.

• 왜 나는 혀를 말 수 없을까?

혀를 말 수 있게 해 주는 유전자는 **우성**이에요. 우성 유전자는 부모 중 한쪽으로부터 물려받아 한 개만 있어도 우리 몸에 드러나요.

예를 들어 아빠가 혀를 말 수 없는 유전자만 2개(NN) 가지고 있다고 해 봐요. 대신 엄마는 혀를 말 수 있는 유전자 1개(R)와 혀를 말 수 없는 유전자 1개(N)를 동시에 가지고 있다면, 자녀는 어떻게 될까요? 엄마로부터 혀를 말 수 있는 우성 유전자(R)를 물려받는다면, 자녀도 혀를 말 수 있게 된답니다!

왜 나는 빨간 머리일까?

• 왜 머리색이 다를까?

혀를 말 수 있게 하는 유전자는 우성이라고 했죠? 이와는 달리 **열성**인 유전자도 있어요. 예를 들어 빨강 머리 유전자(R)는 열성이에요. 그래서 빨강 머리는 엄마와 아빠 모두에게서 빨강 머리 유전자를 받아 두 개의 빨강 머리 유전자(RR)가 있어야 해요. 반면에 검정 머리는 우성 유전자에 의해 나타나요. 부모 중에 한쪽으로부터만 검정 머리 유전자(B)를 받으면 검정 머리를 갖게 되는 것이지요. 혀 말기나 머리색은 상염색체에 유전자가 있어서 여자와 남자 구별 없이 유전돼요.

• 왜 맛을 다르게 느낄까?

미각이 평균보다 민감한 사람들이 있어요. 만약 이 유전자를 엄마와 아빠에게서 하나씩 두 개를 물려받았다면 방울양배추를 먹지 못할 거예요. 너무 쓰게 느껴지거든요.

• 유전자가 모든 것을 결정하지는 않아요!

　키와 몸무게 같은 몇몇 특징들은 부모로부터 물려받은 유전자를 따라서만 결정되지 않아요. 우리가 먹는 음식, 수면, 운동 같은 것들에도 영향을 받지요.

　악기 연주, 그림 그리기, 외국어 배우기 같은 것들은 훨씬 복잡해요. 부모에게서 물려받은 유전자도 중요하지만 어릴 때부터 좋아하며 연습하는 것이 큰 영향을 끼치지요. 좋아해서 연습을 많이 할수록 무엇이든 더 잘하게 돼요.

유전자는 우리에게 얼마나 영향을 끼칠까?

• **내 단짝 친구는 왜 나보다 키가 클까?**

왜 누구는 키가 크고, 누구는 작은 걸까요? 사람들은 부모가 키가 크면, 아이도 키가 클 거라고 생각해요. 부모가 아이에게 유전자를 물려주니까요. 그런데 사실은 어떤 음식을 먹고 얼마나 잘 자는지도 키가 크는 데 영향을 끼친답니다.

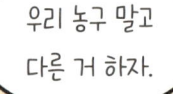

우리 농구 말고 다른 거 하자.

음식은 우리가 자라는 데 필요한 **영양분**을 주어요. 뇌는 우리가 자는 동안 영양분으로 성장 **호르몬**을 만들어 내보내요. 성장 호르몬은 뼈세포들을 자라게 하고 똑같은 세포를 계속 만들게 하여 키가 크도록 도와주지요.

옛 기록을 살펴보면, 100년 전 사람들의 평균 키가 지금 우리보다 몇 센티미터 정도 더 작았어요. 유전자가 진화해 키가 크기에 100년은 짧은 시간이에요. 하지만 점점 더 잘 먹고 좋은 환경에서 살게 되자 100년 전 사람들보다 키가 크게 되었지요. 우리의 키를 결정하는 데 유전자 말고 환경이나 습관 등 다른 것도 중요해요.

• 우리는 유전자와 환경의 영향을 받아요

과학자들은 우리와 관련된 모든 것, 즉 키, 생김새, 생각, 심지어 건강까지도 유전자와 환경의 영향을 동시에 받는다고 생각해요. 부모에게서 물려받은 약 2만 개의 유전자에 따라 우리는 세상에 태어나요. 하지만 그 후 먹는 음식, 운동, 걸리는 질병, 사는 곳의 날씨 같은 것들이 유전자와 함께 몸과 마음이 자라는 데 영향을 끼친답니다.

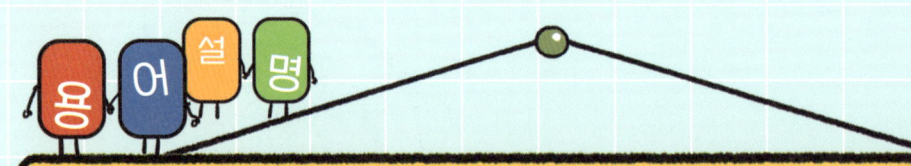

| 돌연변이 | 부모에게 없던 새로운 형질(동식물의 모양, 크기, 성질 따위의 고유한 특징)이 나타나 유전하는 현상을 말해요. 유전자를 이루는 염기(A, G, C, T) 순서가 변해 유전 정보도 함께 변하면서 유전 형질이 달라지는 현상이에요. 단백질은 염기 쌍 순서에 따라 만들어지는데, 순서가 달라지면 만들어지는 단백질에도 변화가 생겨 돌연변이가 나타나요. |

| 영양분 | 동물이 살아가려면 음식이 몸에 들어와 세포에 필요한 에너지로 바뀌어야 해요. 음식에는 몸(세포)을 구성하거나 생명 활동에 필요한 물질이 들어 있는데, 이러한 물질을 영양소라고 해요. 3대 영양소(탄수화물, 단백질, 지방)와 그 외 영양소로 구분해요. |

| 우성과 열성 | 우성은 부모 중 한쪽만 유전자를 물려주어도 자녀에게 드러나는 형질을 말해요. 반면 열성은 부모가 모두 유전자를 물려주어야 그 형질이 자녀에게 드러나요. |

| 호르몬 | 우리 몸이 제대로 움직일 수 있도록 신호를 보내는 일을 해요. 예를 들어, 우리 몸을 돌아다니며 각 부분이 해야 할 일과 그 때를 알려 주는 일을 하지요. 배가 고프거나 졸리도록 만들어 먹고 자야 할 때를 알려 주고, 몸의 근육과 뼈의 생장을 촉진하여 키가 자라야 할 때도 알려 주지요. |

※아래 퀴즈가 참일지 거짓일지 알아맞혀 보세요. ◯를 한 퀴즈의 글자를 아래 빈칸에 쓰면 보너스 퀴즈도 풀 수 있어요.

① 부모가 물려주지 않았는데도 새롭게 생겨난 유전자를 자연선택이라고 한다. ◯ ✕ 도

② 부모 중 한쪽으로부터만 물려받아 한 개만 있어도 우리 몸에 드러나는 유전자는 우성 유전자다. ◯ ✕ 유

③ 부모 모두에게서 똑같은 유전자를 두 개 물려받아야 우리 몸에 드러나는 유전자는 열성 유전자다. ◯ ✕ 전

④ 인간의 외모나 성격, 지능 등 모든 것은 유전자가 결정한다. ◯ ✕ 미

⑤ 성장 호르몬은 뼈세포들이 자라 똑같은 세포를 계속 만들게 하여 키가 크도록 도와준다. ◯ ✕ 자

⑥ 엄마, 아빠 모두 키가 크면 반드시 그 자녀의 키도 크다. ◯ ✕ 노

• 보너스 퀴즈 •

우리와 관련된 모든 것, 즉 키, 생김새, 질병 등에 영향을 미치는 것은 무엇일까요?

☐ ☐ ☐ 와 환경

정답: X, ◯, ◯, X, ◯, X, 유전자

500년 후 친척 찾기

• **엄마만 물려줄 수 있어요**

DNA를 관찰하면, 누가 내 친척인지를 알 수 있어요. 그런데 DNA는 부모에게서 자녀로 전달될 때마다 엄마와 아빠의 DNA가 절반씩 섞여요. 몇 세대만 지나면 친척 사이에서도 DNA는 많이 달라져요.

8대조 할머니의 DNA를 관찰해 본다면, 세대가 지나면서 유전자가 뒤죽박죽 섞여 나의 친척인지 알기도 어려울 거예요. 150년보다 더 먼 옛날에 살았던 친척의 DNA는 낯선 사람의 DNA나 마찬가지예요. 하지만 엄마는 친척을 찾는 데 도움이 되는 DNA를 우리에게 물려줘요.

미토콘드리아

난자

우리는 엄마에게서 작은 DNA 조각을 하나 더 물려받아요. 이 조각은 세포 속 **미토콘드리아**에 들어 있는데, 난자를 통해 자손에게 거의 그대로 전해져요. 아빠의 정자로부터는 미토콘드리아를 받지 않아요. 미토콘드리아는 세포가 살아가는 데 필요한 에너지를 만드는 공장이에요.

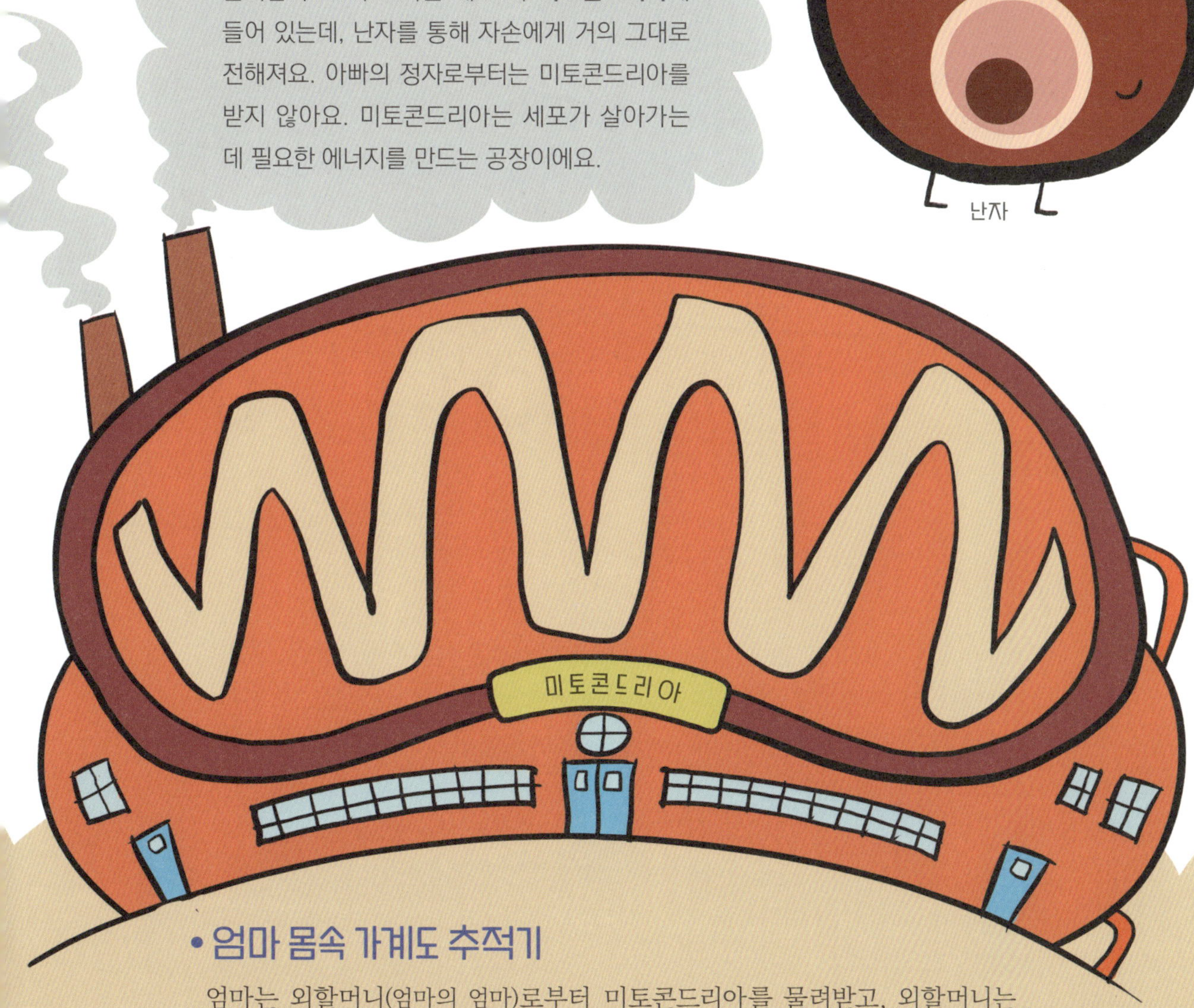

미토콘드리아

• 엄마 몸속 가계도 추적기

엄마는 외할머니(엄마의 엄마)로부터 미토콘드리아를 물려받고, 외할머니는 증조외할머니(외할머니의 엄마)로부터 미토콘드리아를 물려받아요. 미토콘드리아 속에는 DNA 조각이 있는데, 좀 독특해요. 후손에게 전해질 때 거의 변하지 않아 수백 년 동안 같은 DNA를 물려줄 수 있거든요. 그래서 미토콘드리아 속 DNA를 관찰하면 서로 친척인지를 알 수 있어요.

• 남자에게 더 많은 문제를 일으키는 말썽쟁이 유전자

성염색체인 X염색체와 Y염색체는 여자인지 남자인지를 결정해요. 두 개의 X염색체를 가지면 여자(XX)가 되고, X염색체와 Y염색체를 한 개씩 가지면 남자(XY)가 돼요.

X염색체에 있는 유전자들을 'X-연관 유전자'라고 해요. 여자는 X염색체가 두 개이기 때문에 한쪽에 말썽쟁이 X-연관 유전자가 있어도 다른 한쪽에 정상 유전자가 있으면 괜찮아요. 하지만 남자는 X염색체가 하나밖에 없어요. 그래서 말썽쟁이 X-연관 유전자가 있으면 그대로 몸에 문제가 생겨요.

아빠의 말썽쟁이 X-연관 유전자는 딸에게 그대로 전달되지만, 아들에게는 전달되지 않아요. 아들에게는 Y염색체를 물려주기 때문이에요.

남자는 X염색체가 한 개만 있어 여자보다 문제가 생기기 쉬워요. 하지만 여자는 X염색체가 한 개 더 있으므로 대부분 괜찮아요. 나머지 X염색체에 정상 유전자가 있으면 말썽쟁이 유전자는 문제를 일으키지 못하거든요. 물론 두 개의 X염색체에 모두 말썽쟁이 유전자가 있으면 여자에게도 문제가 생겨요. 하지만 아주 드문 일이지요.

• 왜 신호등에 파란불이 있을까?

X-연관 유전자가 일으키는 흔한 문제 중 하나는 적록 색맹이에요. 적록 색맹 유전자가 있으면 빨간색과 초록색을 구별할 수 없어요.

적록 색맹인 사람은 신호등을 볼 때 문제가 생겨요. 그래서 초록불 신호에 파란빛을 섞기도 하고, 걷는 모양의 기호를 집어넣기도 해요. 적록 색맹인 사람들도 빨간불 신호와 초록불 신호를 구별할 수 있도록 하기 위해서지요.

색맹이 아닌 엄마라도 색맹 유전자를 가지고 있을 수 있어요. 두 개의 X염색체 중 한쪽에만 색맹 유전자가 있어서 드러나지 않을 뿐이지요. 그런데 이 유전자가 아들에게 전해지면 문제를 일으켜요. 아들은 엄마로부터 X염색체를 한 개만 물려받기 때문이에요.
다른 X염색체가 없기에 색맹 유전자는 그대로 몸에 나타나요. 그리고 아들인 내가 색맹이라면, 이모의 아들이나 외삼촌도 색맹일 수 있어요. 색맹 유전자가 있는 X염색체를 물려받을 수 있기 때문이지요.

유전자 스위치 켜고 끄기

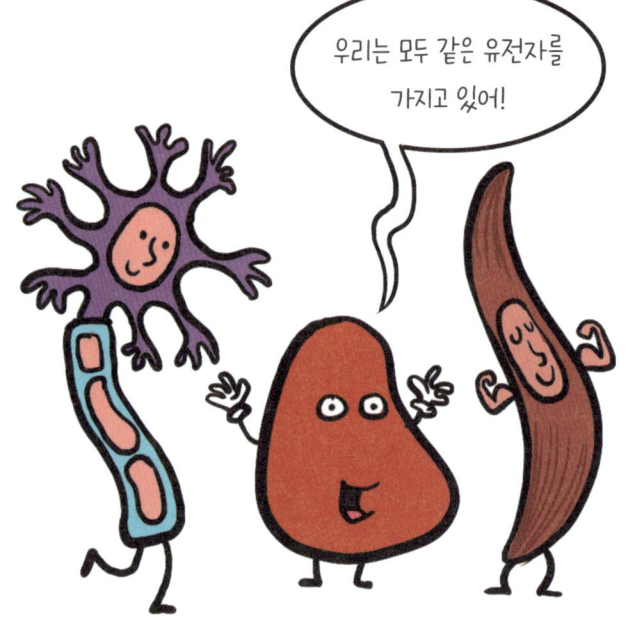

● 어떤 유전자가 사용되었을까?

우리 몸의 모든 세포는 같은 DNA를 가지고 있지만, 서로 많이 달라요. 생긴 모습도 다르고, 하는 일도 다르지요.

예를 들어, 혈액 세포는 뇌세포나 근육 세포와 전혀 다르게 생겼어요. 같은 DNA에서 출발했는데 왜 다른 모습으로 자랐을까요? 세포 안에서 어떤 유전자가 활동하느냐에 따라 달라져요. 세포는 자신에게 맞는 단백질을 만들 유전자의 스위치만 켜서 작동시키거든요.

• 프로모터, 유전자 스위치

각 유전자가 시작되는 곳에는 유전자의 활동 스위치를 켜는 **프로모터**라는 부분이 있어요. 이곳에 유전자 활성화 단백질이 달라붙어요. 이 단백질은 유전자 암호를 따라 움직이며 유전자가 활동하게 해요.

그렇다면 어떻게 해야 유전자의 활동을 멈출 수 있을까요? 프로모터에 유전자 활성화 단백질이 달라붙지 못하게 하면 되겠죠? 놀랍게도 세포 안에는 활성화 단백질이 달라붙지 못하도록 방해하는 억제 단백질이 있어요. 이 단백질이 활동하면 특정 유전자는 활동을 멈추게 돼요. 유전자의 활동 스위치를 꺼 버리기 때문이에요.

유전자 활동을 조절하는 방법은 한 가지만 있는 건 아니에요. 이 분야에 대한 연구가 활발하게 이루어지고 있어요.

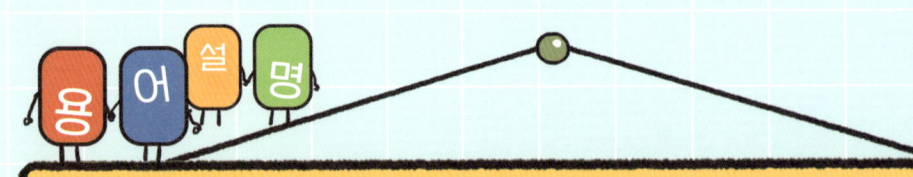

| 미토콘드리아 | 세포 안에 있는 발전소 같은 곳이에요. 세포가 살아가는 데 필요한 에너지를 만들어 내지요. 미토콘드리아 안에는 고유의 DNA가 있어요. 우리는 엄마의 미토콘드리아만 물려받아요. |

색맹 색채를 식별하는 감각이 불완전하여 색깔을 가리지 못하거나 다른 색깔로 잘못 보는 상태를 말해요. 유전적 이유로 명암만 분간하는 전색맹과 일정한 색깔만 식별하지 못하는 부분 색맹이 있어요. 부분 색맹에는 붉은색과 녹색을 구분하지 못하는 적록 색맹과 청색과 황색을 혼동하는 청황 색맹이 있어요.

프로모터 유전자를 활동하게 하는 단백질이 붙는 자리로 유전자의 시작 부분에 있는 DNA예요. 이 부분을 통해 유전자 활동 조절이 편리하게 이뤄져요.

※아래 설명을 읽고 초성 퀴즈를 풀어 보세요.

ㅁ ㅌ ㅋ ㄷ ㄹ ㅇ

엄마에게 **이것**을 물려받아요. 이것은 후손에게 전해질 때 거의 변하지 않아 이것 속에 있는 DNA를 관찰하면 누가 나의 친척인지를 알 수 있어요.

ㅈ ㄹ ㅅ ㅁ

이것이 있으면 빨간색과 초록색을 구별할 수 없어요.

ㅅ ㅇ ㅅ ㅊ

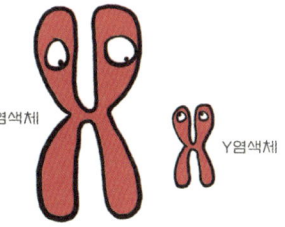

23번째 염색체로 **이것**에는 X염색체와 Y염색체가 있어요.

ㅍ ㄹ ㅁ ㅌ

DNA 중 **이것**에 단백질이 붙으면 유전자가 활동하게 돼요. 켜고 끄는 스위치처럼 이 부분을 통해 유전자 활동을 조절할 수 있어요.

정답: 미토콘드리아, 색맹, 성염색체, 프로모터

병을 일으키는 DNA

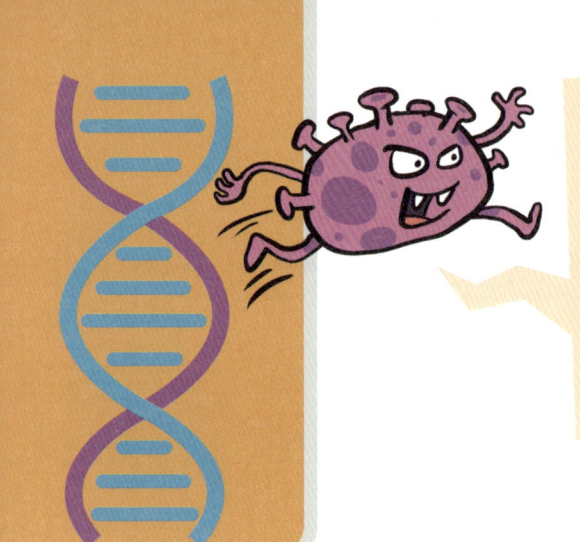

• 세포 침입자, 바이러스

바이러스는 지구에서 가장 게으를 거예요. 어떨 때는 바이러스가 살아 있는지 죽었는지조차 알기 어려워요.

바이러스도 DNA(또는 DNA와 아주 비슷한 RNA)를 가지고 있어요. 그런데 새로운 바이러스를 만들기 위해 움직이거나 자신의 DNA를 복제하지는 못해요. 특히 코로나19를 일으킨 바이러스는 제대로 된 DNA도 가지고 있지 않아요. 두 가닥이 배배 꼬인 이중 나선 모양 DNA가 아니라 한 가닥으로 이루어진 RNA를 가지고 있지요.

바이러스는 끈적끈적한 막으로 둘러싸여 있어요. 지나가는 세포가 이 막을 스쳐 지나가면 슬쩍 달라붙지요. 일단 세포에 달라붙는 데 성공하면, 바이러스는 세포 안에 자신의 DNA 가닥을 풀어놓아요. 그리고 세포가 이 DNA를 이용해 똑같은 바이러스를 계속 복제하도록 만들지요. 결국 세포는 가득 찬 바이러스 때문에 터지게 되고, 바이러스는 쏟아져 나와 다른 세포들을 공격해요.

• 바이러스를 잡는 경찰 세포, 백혈구

우리 혈액 속에는 바이러스를 잡는 경찰 세포, **백혈구**가 있어요. 바이러스는 백혈구를 피해 세포 안에 숨어 지내려 해요. 하지만 백혈구는 이를 알아차리고 바이러스를 파괴하는 데 도움이 되는 **항체**를 만들어요. 바이러스가 사라진 뒤에도 백혈구는 자신이 물리친 바이러스를 기억해요. 그래서 이후에도 똑같은 바이러스가 침입하면, 이를 알아차리고 바이러스를 물리칠 항체를 빨리 만들도록 돕지요.

• 백신이 도움이 되나요?

백신은 특정 바이러스와 비슷한 모습을 가진 물질로 만들어요. 코로나19 백신은 코로나19를 일으키는 바이러스와 비슷한 물질인 거죠. 백신을 맞으면 우리 몸은 진짜 바이러스가 침입했다고 생각하게 돼요. 그러면 백혈구는 그것과 싸우면서 그 모양을 기억해요. 그래서 다음에 진짜 바이러스가 들어왔을 때 항체를 빠르게 많이 만들어 바이러스를 물리칠 수 있어요.

누가 범인일까?

• DNA를 이용해 범인 찾기

1980년대 영국의 과학자 알렉 제프리스는 DNA 중 특정한 부분을 잘라 내 **유전자 지문**을 만드는 방법을 알아냈어요. 유전자 지문은 DNA 프로필이라고도 하는데 사람마다 달라요.

유전자 지문을 비교하면, 사람들이 서로 친척 관계인지를 알 수 있어요. 가까운 친척일수록 유전자 지문이 더 비슷하기 때문이에요. 또한 범인을 찾는 데도 유전자 지문이 사용돼요. 만일 어떤 사람의 유전자 지문이 범죄 현장의 핏자국에서 발견된 것과 똑같다면, 범인일 가능성이 크답니다. 범죄가 일어날 때 그곳에 있었을 테니까요!

오늘날에는 DNA 전체에 A, G, C, T가 어떤 순서로 늘어서 있는지를 읽어 내 좀 더 정확한 유전자 지문을 만들어요. 하지만 1980년대에는 DNA를 정확하게 읽어 내기 어려웠어요.

그런데 알렉이 사람마다 DNA에서 반복되는 A, G, C, T의 개수와 순서가 다른 부분이 있다는 사실을 발견했어요. 이 부분을 실험실에서 잘라 내 덩어리를 만들었어요.

알렉은 이 덩어리에 전기를 흘려보내 다양한 두께의 줄무늬가 되도록 만들었어요. 전문가들은 이 줄무늬를 비교해 누구의 DNA인지 알아낼 수 있었어요. 이것이 바로 범인이 현장에 남긴 유전자 지문을 찾아내는 방법이랍니다.

수많은 범인을 잡아내고 억울하게 잡힌 사람들을 풀어 주는 데 유전자 지문이 이용돼요.

DNA가 어디까지 도와줄까?

• **우리가 더 잘 살아가도록 도와주는 DNA**

 생명체는 수백만 년에 걸쳐 진화를 거듭해 왔어요. 추위와 더위, 가뭄 등 거친 환경을 이겨 내면서 말이에요. 그 결과 우리 지구에는 수많은 종류의 생명체가 생겨났어요. 우리 인간도 나타났고요. 생명체가 진화한 건 DNA가 환경에 적응하도록 변화해 온 덕분이에요. DNA가 변해야 생명체도 변하거든요. 만일 DNA가 변화하지 않았다면 생명체가 살아남지 못해 유전자가 다음 세대로 전해지지 못했을 거예요.

위험해!

무서워하지 마세요! 내가 지켜 줄게요!

• 느림보 DNA와 빠르게 변하는 삶

우리는 위험과 마주치면 늘 조심하는 버릇이 있어요. 오랜 옛날부터 우리가 살아남을 수 있도록 도와준 유전자가 그렇게 만들었지요. 또, 맛있는 것을 보면 잔뜩 배불리 먹으려고 해요. 우리 조상들은 백여 년 전까지만 해도 음식이 모자랐고, 심지어 굶어 죽기도 했거든요.

오늘날에는 DNA가 변화하는 속도가 따라가기 어려울 만큼 우리가 살아가는 방식이 빨리 변하고 있어요. 우리는 대부분 안전한 곳에서 음식을 충분히 먹으며 지내고 있지만, DNA는 굶주리는 데 익숙한 오래된 유전자를 가지고 있어요.

우리의 DNA는 사냥하고, 먹을 것을 모아 두며, 안전한 보금자리를 찾는 데 뛰어나도록 우리 몸을 만들어 왔어요. 물론 우리의 DNA가 모든 것을 결정하지는 않아요. 하지만 DNA에 대해 알고 있으면, 우리가 어떻게 생각하고 느끼는지를 이해하는 데 도움이 된답니다.

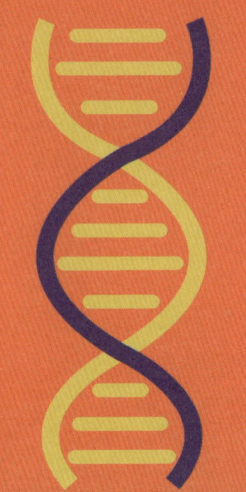

우리 모두의 이야기 DNA

- **DNA란 무엇일까?**

여러분은 이 책을 통해 DNA란 모든 세포 안에 들어 있는 화합물이고, 새로운 생명체를 만들기 위한 설명서라는 것을 알았어요. 모든 생명체는 부모로부터 자식에게 DNA를 전달하며 후손을 퍼뜨려요. 수백만 년 동안 DNA가 전달되면서 그 안에 담긴 유전자는 아주 느리게 변해요. 변하는 환경 속에서 생명체가 더 잘 살아남을 수 있도록 하기 위해서예요. 이런 과정을 진화라고 하지요. 생명체가 진화하면서 동식물, 버섯 등이 생겨났고, 마침내 우리 인간도 나타났어요.

DNA에는 생명체를 만드는 정보가 들어 있어요. 이 정보는 A, G, C, T 네 글자로만 이루어진 아주 긴 문장 같아요. 우리 세포에 있는 암호 해독기인 리보솜은 일렬로 배열된 글자들 중 세 글자씩 묶어 하나의 암호로 읽어 내요. 이 암호의 지시에 따라 아미노산을 끌어와 세포에 필요한 단백질을 만들어요. DNA는 반으로 나뉜 뒤 각각 똑같이 복제되어 DNA를 하나 더 만들 수 있어요. 이런 일은 세포가 똑같은 세포 두 개로 분열되기 전에 일어나요.

세상의 모든 DNA는 40억 년 전쯤 하나의 조상에서 변화해 온 것으로 보여요. 모든 생명체는 거대한 생명 나무에서 갈라져 나온 하나의 가지인 셈이지요. 부모의 DNA가 자녀에게 전달될 때 생명 나무는 자라요. 그리고 부모의 유전자가 섞이면서 만들어 낸 아이는 새로운 유전자를 가지고 변화하는 세상 속에서 더 잘 살아갈 수 있어요.

이제 여러분은 DNA가 우리의 생김새, 버릇, 재능에 영향을 끼친다는 것을 알게 되었어요. 하지만 우리가 무엇을 하며 어떻게 살아야 할지를 결정하는 것은 DNA가 아니에요. 바로 우리 자신이지요.

• 유전자 암호를 읽어 내면 어떤 일을 할 수 있을까?

DNA에 대한 지식과 DNA를 조작하는 기술은 우리 생활에 다양하게 응용될 수 있어요. 범인을 잡고, 바이러스나 질병을 일으키는 원인을 찾아내 치료할 수도 있지요. 또, 유전자를 잘라 내 다른 생물체에 붙이는 유전자 재조합 기술을 이용하여 더 많은 곡식과 과일이 열리게 하거나 의약품을 개발할 수도 있어요. 우리 모두가 어떻게 서로 연결되어 있고 심지어 다른 생명체들과 어떤 관계인지도 알아낼 수 있답니다.

바이러스	DNA(혹은 RNA)를 단백질 껍질이 둘러싸고 있는 모습을 가졌어요. 다른 세포 안에 들어가 감염시킨 뒤에야 생명 활동을 시작할 수 있어요. 감염시킨 세포 속에서 자신의 DNA(혹은 RNA)를 복제한 뒤 수가 많아지면, 세포를 터뜨리고 나와 또 다른 세포를 감염시켜요. 감염된 세포의 주인은 결국 병에 걸리고 기침이나 콧물을 통해 주변 사람들에게 바이러스를 퍼뜨리지요. 하지만 질병을 일으키지 않는 바이러스들이 훨씬 많답니다.
백신	질병을 일으키는 바이러스를 알아차리고 죽일 수 있도록 우리 몸을 훈련시키는 약품이에요. 해로운 특성을 미리 없앤 바이러스 조각이나 죽은 바이러스로 만들어요.
백혈구	혈액 속을 돌아다니며 몸에 들어오는 나쁜 세균이나 바이러스를 알아차려 물리치도록 도와주는 세포예요. 이전에 물리쳤던 세균이나 바이러스를 기억하는 역할도 하지요.
유전자 지문	DNA에는 사람마다 다른 부분이 있어요. 이 부분을 찾아내 알아보기 쉽게 표시한 것을 유전자 지문이라고 해요. 일란성 쌍둥이를 제외한 모든 사람들은 서로 다른 유전자 지문을 가지고 있어요.
항체	우리 몸이 만드는 단백질 중 하나예요. 바이러스처럼 해로운 물질을 알아차려 우리 몸이 스스로 물리칠 수 있도록 준비시키고 도와줘요.

※아래 설명을 읽고 빈칸을 채워 가로 세로 퀴즈를 풀어 보세요.

가로

① 바이러스를 파괴하는 데 도움이 되는 항체를 만드는 경찰 세포
② DNA(혹은 RNA)와 단백질로 이루어져 있으며 다른 생물의 세포 속에서만 번식함
③ DNA가 끊어지거나 엉키지 않도록 실타래처럼 꽁꽁 뭉쳐 놓은 것
④ 뼈세포들이 자라 자신과 똑같은 세포를 계속 만들어 키가 크도록 도와주는 물질

세로

㉠ 난자 두 개가 정자 두 개와 각각 합쳐져 수정란이 두 개일 때 생겨나는 쌍둥이. ○○○ 쌍둥이
㉡ 질병을 일으키는 바이러스 침입에 우리 몸이 미리 대비하도록 하는 약품
㉢ 우리 몸이 바이러스와 싸우도록 돕기 위해 백혈구가 만들어 내는 단백질
㉣ 우리 몸을 이루는 가장 작은 단위로, DNA라는 화합물을 가진 것

정답 ① 백혈구 ② 바이러스 ③ 염색체 ④ 성장 호르몬 ㉠ 이란성 ㉡ 백신 ㉢ 항체 ㉣ 세포